Discovery of Dinosaurs

遇见恐龙

认识植食恐龙

瑾蔚 编著

陕西新华出版传媒集团
未 来 出 版 社
陕西科学技术出版社

前言

远古时期，最吸引人的生物莫过于恐龙。它们称霸了一个时代，如果不是白垩纪晚期那一场大灾难，也许会存活到今天。

恐龙到底是怎样一种生物呢？由于时代太过久远了，我们只能从古老的化石身上探究这种远古生物奥秘，了解它们的种类、身体特征、生活习性、分布和演化历程等，最终勾画出精彩的恐龙世界。

恐龙的种类非常多，它们有的身材高大，有的身材矮小，有的是凶猛的捕食者，有的以植物为生，有的过着群居生活，有的喜欢独来独往。总之，它们各有各的特点。在众多恐龙中，以植物为生的植食性恐龙不管在数量还是种类上都占有绝对优势。那么，它们的实力如何，有什么强大的本领呢？

本书用通俗易懂的文字、极具视觉冲击力的图片，讲解了恐龙王国中板龙、大椎龙、梁龙、峨眉龙、马门溪龙和圆顶龙等植食性恐龙的身体特征、生活习性等知识，将这些素食者的风采一一呈现。现在，就让我们一起探索这个神奇的恐龙世界吧！

目录

板 龙

板龙是比较原始的蜥脚类恐龙，曾成群地生活在三叠纪晚期的欧洲大陆。它们是当时陆地上最大的动物，身体和一辆公共汽车差不多大，并且十分强壮结实。

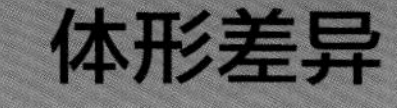

体形差异

通过研究已有的化石，科学家发现板龙之间存在非常大的体形差异，有些体长只有 4~6 米，有些则能长到 10 米。

板龙的眼睛长在脑袋两边，视线范围很大，有利于警戒掠食者

四足行走

板龙的前肢比后肢短一些，也细一些。一般情况下，它们用四足行走，只有需要用前肢抓取高处的植物时，才会用后腿站起来行走。

大椎龙

大椎龙的拉丁文学名含义是“有巨大脊椎的蜥蜴”，这是因为这种恐龙最突出的特征就是有一副巨大的脊椎。与后来发现的梁龙、腕龙等大型蜥脚类恐龙相比，大椎龙的体形并不算大。

大椎龙化石

发现化石

1853 年，科学家在南非发现了第一具大椎龙化石。后来，大椎龙的化石又陆续在莱索托以及赞比亚等地被发现。

两足行走

曾经有很长一段时间，大椎龙都被认为是四足行走的恐龙。后来，古生物学家对它们前肢生理结构进行了研究，才确定它们是两足行走的恐龙。

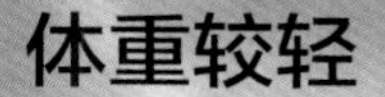

体重较轻

虽然大椎龙的身子很长，但它们的体重却比较轻。这是因为它们的脊椎和肋骨里面有空腔，能够减轻骨头的重量。

大椎龙的脑袋又窄又小，但眼睛和鼻子很大，视觉和嗅觉特别灵敏

大椎龙的前肢上有5指，拇指上有大型指爪，可用于协助进食和抵抗天敌

命名

1854年，英国古生物学家理查·欧文将来自南非的第一具化石命名为大椎龙。这具化石存放在伦敦的英国皇家外科医学院，但是曾在第二次世界大战期间遭到损毁，只有部分还在。

梁　龙

梁龙是蜥脚类恐龙的代表之一，它们具有蜥脚类恐龙的所有共同特征：小脑袋、长脖子、长尾巴、粗壮的四肢、庞大的体形，但它们也有自己独特的地方——尾巴比脖子长，躯干很短，而且很瘦。

长长的恐龙

梁龙的体形巨大，有好几层楼那么高，但它们的骨头却很轻，里面是空心的。梁龙的身体很长，光脖子就有 7 米多长。不过，它们的脖子并不能自由灵活地弯曲，也无法抬得很高。

梁龙化石

梁龙的前肢很粗壮，内侧脚趾上有一个锋利的爪子

鞭子一样的尾巴

梁龙的尾巴比脖子还长，就像一条巨大的鞭子一样。长尾巴不仅能帮助梁龙保持身体平衡，还能用来鞭打敌人，给异特龙、角鼻龙等肉食恐龙造成严重的损伤，甚至致命。

独特的牙齿

梁龙的牙齿和其他蜥脚类恐龙不同，它们又细又长，像是椭圆形的小棍子，并不怎么尖利，而且只长在嘴的前部。科学家根据梁龙牙齿化石的磨损程度，推测它们会用一排牙齿固定树枝，另一排牙齿来剥下树枝上的叶子。

梁龙是一种很好认的恐龙，它们有着巨大的体形，脖子和尾巴都很长，头却很小

独特的生蛋方式

科学家发现，梁龙等蜥脚类恐龙可能会成群在同一个地方生蛋，它们把蛋都产在沟渠里，而且排列成弧形。科学家因此推测，梁龙可能会一边转圈一边产蛋。

峨眉龙

峨眉龙是一种体形巨大的蜥脚类恐龙，曾成群地生活在侏罗纪中期的中国。1939 年，我国古生物学家杨钟健等人在四川省峨眉山附近的荣县发现其化石，所以便将其命名为峨眉龙。

峨眉龙的脖子特别长，颈椎数量多达 17 节，可以吃到高大的植物

尾巴长着大骨锤

和其他蜥脚类恐龙一样，峨眉龙也拥有长长的脖子，小小的脑袋，粗壮的身体，但是它们的尾巴上还有个特别的东西——一个骨质的“锥头”。骨锤能增大峨眉龙尾巴的杀伤力，让那些肉食性恐龙不敢随便袭击它们。

化石骨架

目前我们可以在自贡恐龙博物馆与重庆北碚博物馆看到组装好的峨眉龙骨架。而目前发现最完整的峨眉龙化石则存放在北京自然博物馆。

特殊的鼻孔位置

科学家通过研究一些蜥脚类恐龙的化石，发现它们的鼻孔都位于头顶，如梁龙、腕龙。但峨眉龙的鼻孔却位于鼻部前端，而不是头顶。

峨眉龙

身长：约 16 米
体重：约 1500 千克
生存年代：侏罗纪中期

三叠纪			侏罗纪			白垩纪		
早	中	晚	早	中	晚	早	中	晚

化石分布区域：亚洲

食性：植食

发现及物种

如今，峨眉龙已有 7 个种被命名，如釜溪峨眉龙、天府峨眉龙等。这些恐龙大多以化石发现地为名，其中以天府峨眉龙的颈部最长，约为 9.1 米，目前只有马门溪龙能超过这个数值。

峨眉龙化石

因为后肢比前肢略长，所以峨眉龙背部最高的地方不是在肩膀处，而是在臀部

迷惑龙

迷惑龙的头很小，大致呈三角形，嘴里长着棒状的牙齿

迷惑龙是一种体形粗壮的蜥脚类恐龙，和梁龙、腕龙生活在同一时代和地区。它们的个头不高，四肢着地时，很难够到高处的植物。这时，迷惑龙会用后肢支撑身体站立起来，把脖子伸得高高的，去啃食高处的嫩枝和嫩叶。

食量大

迷惑龙的食量很大，每天要花大量的时间来吃东西，而且会狼吞虎咽。科学家推测它们可能会不断地进食，只有在喝水或清除寄生虫的时候才会停下来。

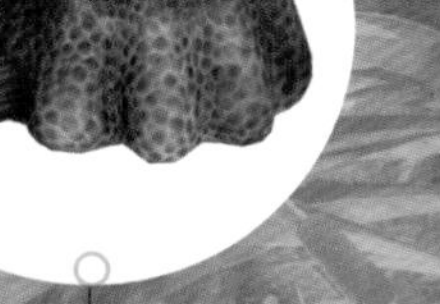

和梁龙一样，迷惑龙的前脚上也有一个大趾爪

尾巴的威力

迷惑龙的尾巴有9米多长，像是一条鞭子。科学家认为，当迷惑龙甩动尾巴时，能发出200分贝以上的声响，可以与大炮发射时产生的音量相比。

迟到的“头颅”

迷惑龙最初被发现的时候，缺少头骨化石，于是科学家推测它们拥有和圆顶龙相似的脑袋。直到1975年，人们发现了迷惑龙的头骨化石，才知道这种恐龙的头部比圆顶龙的要长一些，牙齿为棒状。

名字更迭

雷龙是古生物学家奥塞内尔·查利斯·马什在1879年命名的恐龙。1903年，古生物学家埃尔默·里格斯认为雷龙与迷惑龙是同一种恐龙，由于迷惑龙比雷龙更早命名，于是雷龙便改名为迷惑龙，“雷龙”这个名字也被废除了。

迷惑龙

身长：约26米
体重：约32000千克
生存年代：侏罗纪晚期

三叠纪			侏罗纪			白垩纪		
早	中	晚	早	中	晚	早	中	晚

化石分布区域：北美洲

食性：植食

马门溪龙

马门溪龙是亚洲最具代表性的蜥脚类恐龙，曾成群生活在侏罗纪晚期的东亚地区，且大部分都聚集在今天的中国四川。马门溪龙的外形和迷惑龙相似，但脖子比迷惑龙更长，这也是它们最著名的特点。

超长的脖子

马门溪龙的脖子长度相当于体长的一半，一只体长为22米的马门溪龙，光脖子就有11米长。由于它们的长脖子是由相互叠压的颈椎骨支撑起来的，所以十分僵硬，转动起来非常缓慢。

马门溪龙化石

命名的误会

马门溪龙是在四川宜宾一个叫“马鸣溪”的地方发现的，古生物学家杨钟健将其命名为马鸣溪龙。但由于其他研究人员将“马鸣溪”听成了“马门溪”，于是“马门溪龙”这个名字便写进了研究论文，论文发表后这个名字便正式确立了。

满嘴牙齿

梁龙、迷惑龙等蜥脚类恐龙的牙齿都长在嘴巴前部，侧面和后部都没有牙齿，但马门溪龙的嘴里却长满了勺子状的牙齿，数目超过90颗。科学家因此推测马门溪龙能咬断更坚硬的植物枝条。

马门溪龙

身长：约 37 米
体重：约 50000 千克
生存年代：侏罗纪晚期

三叠纪			侏罗纪			白垩纪		
早	中	晚	早	中	晚	早	中	晚

化石分布区域：亚洲

食性：植食

其他恐龙同伴

侏罗纪晚期的四川省植被茂盛，除了马门溪龙外，还生活着很多其他的恐龙，如同为蜥脚类的峨眉龙，剑龙类的沱江龙、重庆龙，还有兽脚类的永川龙、四川龙。

永川龙是马门溪龙的天敌，和马门溪龙生活在同一时代同一地区

马门溪龙的尾巴很长，站立时可以用来支撑身体，奔跑时，翘起的尾巴又可以用来保持身体平衡

马门溪龙的四肢基本等长，而且十分粗壮，上面还长有大爪子

圆顶龙

圆顶龙是蜥脚类恐龙中的“小胖墩”，它不仅体长比同类短，而且脖子和尾巴也要短上一截。不过，与梁龙、马门溪龙这些脖子过长的恐龙相比，圆顶龙的身体结构似乎更有利于活动。

圆顶龙化石

短小的脖子

与其他长脖子恐龙相比，圆顶龙的脖子要短得多，尾巴也较短，所以体格显得更加粗壮、结实。不过，由于脖子太短，它们只能吃到低矮处的植物枝叶。

粗壮的四肢

圆顶龙的四肢非常粗壮，就像树干一样，能够稳稳地支撑起全身的重量。它每只脚上都有5根脚趾，中趾上还长着锋利的爪子用来自卫。

圆顶龙尾巴不算长，但非常灵活，能够自由摆动

边行走边下蛋

圆顶龙通常过着群居的生活。它们常常一边行走一边下蛋，产下的恐龙蛋会排成一条线，而不是整齐地排列在巢穴之中。也正因为如此，圆顶龙可能并不照顾它们的孩子。

圆顶龙的牙齿粗壮、稳固，与长着细长牙齿的梁龙相比，它们吃的食物可能更加粗糙

灵敏的嗅觉

圆顶龙的鼻孔长在眼睛的前方，再配合上它们巨大的鼻腔，使它们拥有了异常灵敏的嗅觉。科学家猜测，这种恐龙的嗅觉也许可以和现在的警犬相媲美。

腕 龙

腕龙是侏罗纪著名的蜥脚类恐龙，它们的拉丁学名是“前臂蜥蜴”，这是因为它们的前肢比后肢长，而中文名则将“前臂”翻译成了“腕”。

腕龙的头顶有两个孔，科学家认为这是它们的鼻孔

鼻孔长在头顶

腕龙的脑袋很小，在这个小脑袋顶部，还长着它们的鼻孔。有些科学家认为向上的鼻孔能使腕龙在水中活动时保持呼吸，也有些科学家认为腕龙头顶上的孔洞是某种共鸣腔。

不惧天敌

未成年的腕龙经常被各种肉食性恐龙捕食，但成年后的腕龙体形会变得非常庞大，即使是异特龙、蛮龙等当时最大的肉食性恐龙，也无法轻易捕食成年腕龙。

腕　龙

身长：约 25 米
体重：约 30000 千克
生存年代：侏罗纪晚期

三叠纪			侏罗纪			白垩纪		
早	中	晚	早	中	晚	早	中	晚

化石分布区域：北美洲、非洲

食性：植食

高高扬起的脖子

腕龙的脖子长度超过身体长度的 1/3，但因为它们的前肢比后肢长，能帮助它们支撑起长脖子的重量，所以腕龙不必像梁龙一样将脖子向前平伸，而是能像长颈鹿一样将脖子高高扬起。

腕龙能扬起脖子，吃到高处的树叶

前肢比后肢长

大部分蜥脚类恐龙都是后肢比前肢长，但腕龙却是前肢比后肢长。成年腕龙的前肢足有 6 米长，这使得它们的身体从头部、脖子、背部到尾巴就像是一个逐渐降低的斜坡。

欧罗巴龙的头比较小，顶部大致呈长方形

欧罗巴龙

在侏罗纪晚期德国北部的一个小岛上，生活着一种特殊的蜥脚类恐龙——欧罗巴龙。它们的外形和腕龙非常相似，但却不像腕龙一样拥有庞大的身躯，而是非常矮小，就像得了“侏儒征”一般。

发现化石

2004 年，欧罗巴龙的化石在德国北部的一个采石场被发现。从化石中辨识出来的欧罗巴龙有十几只，最小的一只身高还不到 1.7 米。不过，这也许是一只几岁的幼龙。

欧罗巴龙

身长：约 6 米
体重：约 750 千克
生存年代：侏罗纪晚期

化石分布区域：欧洲

食性：植食

“侏儒”恐龙

欧罗巴龙的身长约6米，高2米，与其他大型蜥脚类恐龙相比，就只是个小不点而已。科学家认为，欧罗巴龙的祖先原本是体形较大的恐龙，后来它们迁徙到了一个与世隔绝的岛屿，由于地形狭小，食物有限，欧罗巴龙的体形也开始逐渐变小。

脖子较长

欧罗巴龙的脖子比较长，而且可以高高抬起，去吃较高处的植物枝叶。在欧罗巴龙生活的海岛上，植物都长得比较矮小，所以它们的脖子用来吃高处的植物也足够了。

欧罗巴龙的脖子

欧罗巴龙的四肢粗壮，一般用四足行走

其他“侏儒”恐龙

因为岛屿隔离环境造成的“侏儒”恐龙还有蜥脚类的马扎尔龙、鸟脚类的沼泽龙，它们生存在白垩纪时期的哈提格岛。

短颈潘龙

大多数蜥脚类恐龙都长着长长的脖子和小小的脑袋，但是短颈潘龙却是个例外。它们的脖子非常短，是目前发现的所有蜥脚类恐龙中最短的。短短的脖子让短颈潘龙的体形看上去很不协调。

发现化石

短颈潘龙的化石发现于南美洲的阿根廷，是被一个当地的牧羊人发现的。研究人员将这种恐龙命名为短颈潘龙，“短颈”是它的主要特征，“潘”是希腊神话中的牧神。

短颈潘龙的四肢十分粗壮，能够稳稳地支撑起全身的重量

短颈恐龙

短颈潘龙和在非洲发现的叉龙是亲戚，它们都长着较短的脖子。而短颈潘龙的脖子比叉龙还要短得多，可以说是颈部最短的蜥脚类恐龙了。

短颈潘龙

身长：约 3 米
体重：约 70 千克
生存年代：白垩纪早期

三叠纪			侏罗纪			白垩纪		
早	中	晚	早	中	晚	早	中	晚

化石分布区域：北美洲、欧洲

食性：植食

短颈潘龙吃低矮的植物

体形小巧

短颈潘龙常常像割草机般来回扫荡进食，专吃离地表 1~2 米高的植物。科学家认为，短颈潘龙长期以低矮植物为食，因此演化出了极短的短脖子和较小的体形。

短颈潘龙的背上长着低矮的帆状物，这能让它们看起来高大一点

脊椎骨的数目

大多数蜥脚类恐龙的颈椎骨由早期的 12 块进化到了 19 块，而短颈潘龙却只有 12 块。它们的骨头结构表明它们的脑袋无法抬高超过 2 米，所以只能享受其他“表亲”长颈龙所摈弃的更加靠近地面的觅食区域。

弯　龙

弯龙和禽龙长得很像，是鸟脚类恐龙的一员。它们以四足站立时身体呈拱桥形，因此得名“弯龙”。与同时代的其他鸟脚类恐龙相比，弯龙的体形更为庞大，行动也较为迟缓。

四足行走

由于身体笨重，弯龙大部分时间都以四足行走，用它们鹦鹉般的喙嘴吃低处的植物。不过，有时它们也会用后腿直立起来，去吃高处的植物或躲避天敌。

弯龙的天敌

弯龙的敌人主要是高棘龙等兽脚类恐龙。这些捕食者往往躲在隐蔽处，伺机袭击没有警戒的弯龙，并用锐利的趾爪和牙齿置它们于死地。

眼睑骨

弯龙的眼眶外有一块突出的骨头，科学家称它为“眼睑骨”。到目前为止，人们还没弄明白这块骨头究竟有什么用。

奔跑逃命法

弯龙的身体笨重，通常行动十分缓慢。可是一旦发现敌人，它们就会借助强壮的后肢和灵活的尾巴拼命逃跑，速度比平时要快得多。

正在奔跑的弯龙

棱齿龙

棱齿龙生活在白垩纪早期，是一种身材小巧的鸟脚类恐龙。它们身体轻盈，善于奔跑，所以遇到危险时总是能快速逃走。

棱齿龙的双眼非常敏锐，能发现逼近的食肉动物

棱齿龙的颊部能防止食物在咀嚼的过程中溢出嘴部

善于奔跑

棱齿龙是二足行走的恐龙，用两条后腿奔跑。它们的后肢修长健美，尾巴平直细长，所以奔跑起来健步如飞，是鸟脚类恐龙中奔跑速度最快的一群。

白垩纪的鹿

棱齿龙的生活方式和现代的鹿很像，比如吃低矮的植物、群居、遇到危险就快速逃跑、照顾幼崽等，所以有人把它们称为"白垩纪的鹿"。

牙齿有棱

棱齿龙的牙齿上面有5、6条棱，这些棱保护了它们的牙齿，使牙齿不至于被磨损得太厉害。这些棱也是棱齿龙名字的由来。

棱齿龙

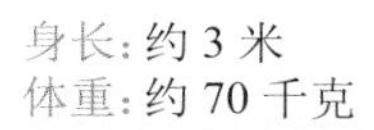

身长：约3米
体重：约70千克

生存年代：白垩纪早期

三叠纪			侏罗纪			白垩纪		
早	中	晚	早	中	晚	早	中	晚

化石分布区域：欧洲

食性：植食

原始的特征

棱齿龙虽然生活在白垩纪，但却具有一些早期恐龙的原始特征，比如前肢有5根趾，嘴部的前端长有牙齿。而其他白垩纪恐龙大都只有3根趾，牙齿也只长在嘴部后端。

棱齿龙的趾

阿马加龙

阿马加龙是一种非常奇特的蜥脚类恐龙。它们的体形较小，脖子和尾巴也比较短，背上还有两排鬃毛状的长棘。目前，关于这些奇怪的棘刺，科学家有不同的猜想。

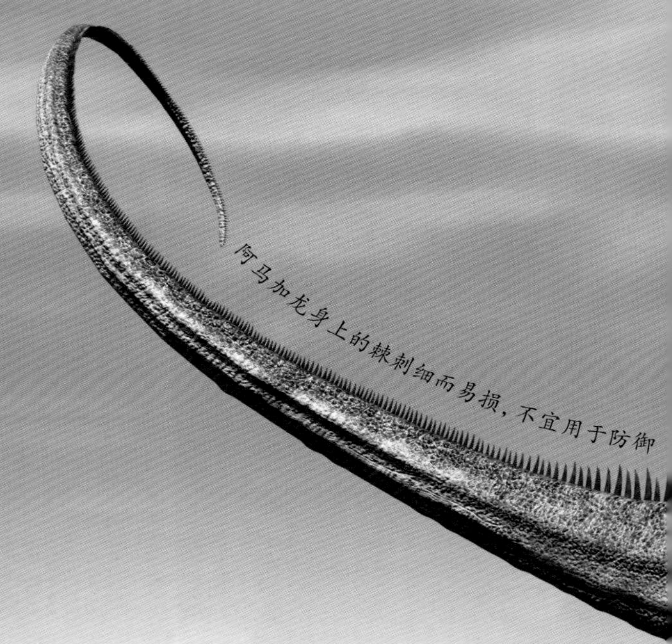

阿马加龙身上的棘刺细而易损，不宜用于防御

奇特的棘刺

阿马加龙从颈部和尾部长着一些成对排列的棘刺。这些棘刺是骨质的，和颈部、背部、尾部的骨头连在一起。其中颈部的棘刺最长，约有 65 厘米。

“帆”的作用

科学家认为，阿马加龙的棘刺之间长有皮膜，就像是一面大帆。“帆”可能是用来调节体温的装置，也可能是一种视觉展示物，能使阿马加龙看起来更高大威猛，让肉食性恐龙不敢轻易捕杀它们。

阿马加龙的“帆”从头部一直延伸到尾部

在灌木丛觅食

比起梁龙、腕龙等蜥脚类恐龙，阿马加龙的脖子要短得多。所以阿马加龙可能以较为低矮的灌木丛为食，而不是高处的植物。

阿马加龙的嘴巴前端长有很多细长的牙齿，可以轻松地把植物茎叶撕扯下来

新看法

2000 年，古生物学家葛瑞格利·保罗认为阿马加龙的棘刺之间并没有皮膜，而是角质，同时他还提出这些棘刺是用来制造声响的。

禽　龙

禽龙是一种生活在白垩纪早期的大型鸟脚类恐龙，化石大多是在欧洲、北美和北非发现的。禽龙还是第一种被正式发现的恐龙，在发现它们之后，人们才逐渐意识到地球上曾经生存过恐龙这种巨大的生物。

“拇指”尖爪

禽龙的前肢“拇指”是一个圆锥状的尖爪，这个尖尖的大爪子通常被认为是用来对付天敌的武器，但也有可能是用来挖开植物种子的，还有可能用于和同类之间进行打斗。

禽龙的尾巴比较坚挺，主要起平衡身体的作用

最初的误会

最初，禽龙被误认为是跟大象相似的动物，它们的“拇指”尖爪被当成了鼻角。1852年，在伦敦水晶宫竖立的禽龙雕像就是这个被误会的样子。

禽　龙

身长：约10米
体重：约3000千克
生存年代：白垩纪早期

三叠纪			侏罗纪			白垩纪		
早	中	晚	早	中	晚	早	中	晚

化石分布区域：欧洲

食性：植食

能咀嚼食物

禽龙的嘴部两侧长有颊部，所以可以用颊部包住食物并用牙齿咀嚼，就像牛咀嚼食物一样。因为禽龙的牙齿可以不断生长、替换，所以它们能一直以坚硬的苏铁、针叶树等植物为食。

从两足到四足

禽龙幼年时可能主要用两足行走，随着年龄的增长以及体重的增加，它们常会采用四足行走的姿态。不论幼年禽龙还是成年禽龙，都能用两足快速奔跑，但却无法用四足奔跑。

禽龙的前肢上长有4根趾，行走时中间3根趾用来承受身体的重量

豪勇龙

豪勇龙又名无畏龙，是一种奇特的鸟脚类恐龙。和阿马加龙一样，它们的背上也长着高大的长棘，长棘之间可能也长着皮膜，形成一面大“帆”。

形似鸭子嘴

豪勇龙是植食性恐龙，它们的嘴巴又宽又扁，就像现代鸭子的嘴。嘴部两侧还长有牙齿，可以不断地生长、替换，所以豪勇龙能以不同的植物为食，不用为掉牙而困扰。

豪勇龙的头上有一些不规则隆起，可能用于交流或求偶

豪勇龙的前肢上也有“拇指”尖爪，能够用来对付袭击者，但比禽龙的要小

行走方式

豪勇龙的前肢比较短，长度约为后肢的一半，但仍然能够用来行走。一旦遇到什么危险，它们也能站起来依靠两条粗壮的后肢快速逃跑。

豪勇龙依靠两条后肢逃跑

“帆”的作用

豪勇龙背上的“帆”从背部一直延伸到尾巴，由高高的棘刺支撑着。这个背帆使豪勇龙看上去更高大，从而使肉食性恐龙不敢轻易发动攻击。科学家推测，这个背帆可能还具有调节体温的作用。

勇敢蜥蜴

豪勇龙的拉丁学名是“勇敢蜥蜴”，这是因为它们的体形很高大。1966 年，古生物学家菲利普·塔丘特在尼日利亚北部的沉积层中发现了两具豪勇龙化石，并在 1976 年正式为它们命名。

豪勇龙

波塞东龙

波塞东龙又名海神龙，是一种生活在白垩纪中期的大型植食性恐龙。它们的前肢比后肢长，身体形态和腕龙很相似，身高非常高，脖子可能比马门溪龙还要长。

最高的恐龙

波塞东龙曾一度被新闻报道成“有史以来最大的恐龙”。事实上，它们有可能是目前已知最高的恐龙，却不是最大的恐龙。波塞东龙脖子约有12米，从头部到地面估计有6层楼那么高。

较轻的脖子

科学家们通过对波塞东龙颈椎化石的检验，发现它们的颈椎骨有些像鸟类的骨头——结实但轻巧。因此，波塞东龙的脖子虽然很长，但是比较轻，容易抬起来。

树木的化石

1994年，科学家在美国俄克拉荷马州发现了波塞东龙的颈椎化石，年代属于白垩纪早期。由于之前很少发现该时代的北美洲巨型恐龙化石，因此这些化石曾一度被认为是某种树木的化石。

最后的庞然大物

波塞东龙可能是北美洲最后的大型植食性恐龙。它们巨大的体形使得它们几乎没有天敌。不过，高棘龙与群体捕猎的恐爪龙可能会捕食幼年的波塞东龙。

海岸附近的波塞东龙

阿根廷龙

阿根廷龙生活在白垩纪中期的南美洲，是一种大型的蜥脚类恐龙。由于身材庞大，阿根廷龙几乎没有天敌，因为绝大多数肉食性恐龙都会被它们巨大的体形吓退。

阿根廷龙脖子的长度和尾巴接近，而且总是向前挺着

体形巨大

通过研究已有的阿根廷龙化石，科学家发现这种恐龙的一节脊椎骨就有 1.8 米高，一根小腿骨就有 1.55 米长。因此，科学家推测阿根廷龙的身体有 30 ~ 40 米长，体重大约是大象的 20 倍。

组装骨架

在美国亚特兰大佛恩班克博物馆内，陈列着世界上最大的已经组装好的阿根廷龙骨架。这具骨架长 37 米，肩部高度超过 8 米，体宽超过 4.2 米，体重在 90000 千克以上。

得天独厚的环境

在阿根廷龙生活的白垩纪中期，大部分蜥脚类恐龙都因为不能适应气候变冷而灭绝了。但由于当时的南美洲依然很温暖，所以阿根廷龙不仅没有灭绝，反而长得更大了。

阿根廷龙生活在森林环绕的湖畔，这里水源充足、食物丰富

阿根廷龙

身长：约 40 米
体重：约 80000 千克
生存年代：白垩纪中期

三叠纪			侏罗纪			白垩纪		
早	中	晚	早	中	晚	早	中	晚

阿根廷龙引起的改变

在很长一段时间里，人们都认为蜥脚类恐龙只存在于侏罗纪。然而，阿根廷龙的发现改变了人们的认识，激起了新一轮发掘恐龙化石的热潮。

阿根廷龙的四肢又粗又壮，能够稳稳地支撑起全身的体重

冠 龙

冠龙也叫盔龙，是鸭嘴龙类中最著名的恐龙。它们的头上有个像鸡冠一样的头冠，远远看去就像是戴了一顶帽子。冠龙很喜欢炫耀自己与众不同的头冠和独特的鸣叫声，这样不仅能引人注目，还可以吓唬敌人。

冠龙的尾巴又长又粗，是平衡身体的重要工具

不同的头冠

冠龙的头冠大小不一。年轻的或者雌性冠龙的头冠较小，成年雄性冠龙的头冠较大。而幼年冠龙几乎没有头冠，只在眼睛上方有一个小小的突起。

逃避天敌

冠龙身上没有盔甲、棘刺和利爪等防御性装备，所以只能依靠快速奔跑来逃避天敌。不过它们的听觉和视觉器官都非常敏锐，这能使它们尽早地发现危险，以便快速逃跑。

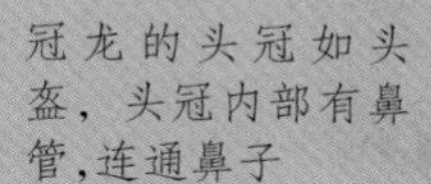

头冠的作用

冠龙头冠的作用可能和副栉龙的头冠作用相同,即帮助扩大声音,类似今天的青蛙用气囊帮助扩大声音。除此之外,冠龙的头冠可能还能用来调节体温、和同伴联系以及求偶。

冠 龙

身长:约 10 米
体重:约 4000 千克
生存年代:白垩纪晚期

三叠纪			侏罗纪			白垩纪		
早	中	晚	早	中	晚	早	中	晚

化石分布区域:北美洲

食性:植食

后肢行走

冠龙的后肢十分粗壮。平时,它们只用两条后肢行走,需要进食时,则用较短的前肢来支撑身体,然后用没牙的喙嘴咬断枝叶,再送进嘴里咀嚼。

冠龙用后肢行走

亚冠龙

亚冠龙生活在 7500 万~6700 万年前，是一种大型的鸭嘴龙类恐龙。和冠龙一样，亚冠龙的头上也长着头冠，不过它们的头冠还是很不一样的。

与冠龙头冠的区别

亚冠龙的头冠没有冠龙的高大笔直，但顶部比冠龙的尖。科学家推测，亚冠龙的头冠可能是一种发声装置，也可能是用来调节体温或者区分性别的。

发现并命名

亚冠龙的化石是由巴纳姆·布郎于1910年发现的，包括部分颅后骨、几节脊椎及部分骨盆。1913年，布郎将其命名为亚冠龙。

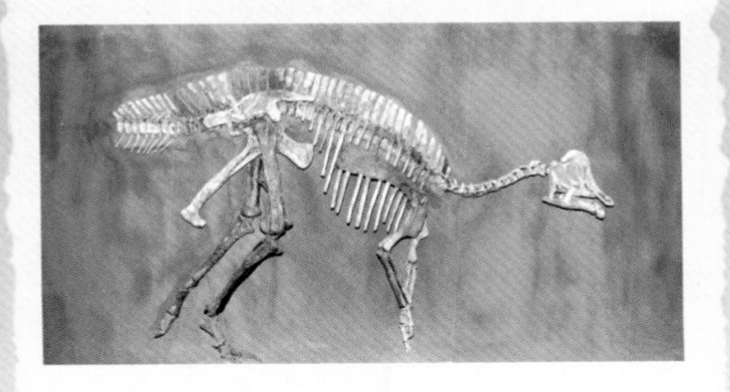

成长速度快

科学家研究亚冠龙的蛋化石以及幼年个体的体躯化石，发现它们的胚胎长约60厘米，刚出生的幼龙就有约1.7米长。这表明亚冠龙的成长速度非常快，很快就能长成大型恐龙，以抵御肉食性动物的袭击。

牙齿不断更换

亚冠龙以多种植物为食，它们的头颅骨可做出类似咀嚼的研磨运动，而它们的数百颗备用牙齿则会不断地生长、替换。

亚冠龙的后肢十分粗壮，能够稳稳地支撑起全身的重量

亚冠龙

身长：约9.1米
体重：约4000千克
生存年代：白垩纪晚期

三叠纪			侏罗纪			白垩纪		
早	中	晚	早	中	晚	早	中	晚

化石分布区域：北美洲
食性：植食

慈母龙

慈母龙的拉丁学名意为“好妈妈蜥蜴”，这是因为这种恐龙被发现的时候，身边的巢里有十几只一个月大的小慈母龙。而且这些小慈母龙的牙齿还有明显的磨损，由于它们没有独自觅食的能力，所以说明是它们的母亲在喂养它们。

群体庞大

由于慈母龙没有可以抵抗肉食性恐龙的“武器”，所以它们会结成庞大的群体生活，共同抵御天敌。有时一个群体内的成员可达上万只。

集体筑巢

慈母龙通常会聚集在一起筑巢，每只慈母龙能产下 20~40 个蛋。慈母龙的蛋经常会被其他恐龙偷吃，因此它们通常会采用集体筑巢的方式抵御这些危害，使后代成活率更高。

奇特的孵蛋方式

慈母龙不像其他动物那样坐在巢穴中孵蛋，而是将腐烂的植被放入巢穴中，利用腐烂产生的温度来孵化蛋。

慈母龙

身长：约 9 米
体重：约 2000 千克
生存年代：白垩纪晚期

三叠纪			侏罗纪			白垩纪		
早	中	晚	早	中	晚	早	中	晚

化石分布区域：北美洲

食性：植食

养育后代

人们曾经认为恐龙和现在大多数的爬行动物一样，生完蛋就会离开巢穴，不会管蛋能不能孵化，更不会养育后代。但慈母龙的发现却使人们认识到，有的恐龙会养育自己的后代，直到它们具有独立生存能力。

慈母龙和小恐龙

和其他鸭嘴龙一样，慈母龙的前腿比后腿短，可以用四条腿行走，跑步时则用两条后腿

慈母龙属于鸟脚类恐龙中的鸭嘴龙类，具有类似鸭嘴的扁平喙状嘴，喙嘴前端没有牙齿，但后端有牙齿

埃德蒙顿龙

埃德蒙顿龙生活在白垩纪晚期的北美洲，是鸭嘴龙类中体形较大的一种。1892 年，古生物学家马什在加拿大埃德蒙顿发现了这种恐龙的化石，所以将其命名为“埃德蒙顿龙”。

行走方式

埃德蒙顿龙是两足行走的恐龙，但有时也会用四足行走。它们的前肢比后肢短，但也有足够长度，仍可以用来行走。

埃德蒙顿龙长有鸭嘴状的喙嘴，能够用于啃咬叶子

埃德蒙顿龙前肢的二指有蹄爪，以及像圆顶龙的肉垫，可协助分担重量

埃德蒙顿龙

身长：约 13 米
体重：约 8000 千克

生存年代：白垩纪晚期

三叠纪			侏罗纪			白垩纪		
早	中	晚	早	中	晚	早	中	晚

化石分布区域：北美洲

食性：植食

进食方式

埃德蒙顿龙的嘴平坦、宽广，和鸭嘴十分相像，里面长有数百颗牙齿。进食时，它们会先将树叶、树枝咬断，将食物置于两侧的颊部，然后用牙齿将嘴中的食物磨碎。

木乃伊化石

1908年，人们在美国发现了一个埃德蒙顿龙化石。因为这个化石保存得相当完好，所以被称为“木乃伊化石”。

生存环境

埃德蒙顿龙生存的范围比较广，北至北极圈附近，南到美国中部等地区。所以，它们极有可能具有迁徙过冬的习性。在迁徙过程中，埃德蒙顿龙很容易受到暴龙等肉食性恐龙的袭击。

副栉龙

副栉龙是一种头顶长着长棒状冠饰的鸭嘴龙类恐龙。它们的体形比较大，身高比较高，主要以距离地面 4 米以上的植物为食，有时候也会吃靠近地面的低矮植物。

巨大的冠饰

副栉龙最著名的特征是头上的大冠饰，这个冠饰有一米多长，从头部向后方延伸出去。冠饰里面是中空的，内部有从鼻孔通到冠饰尾部的管子。

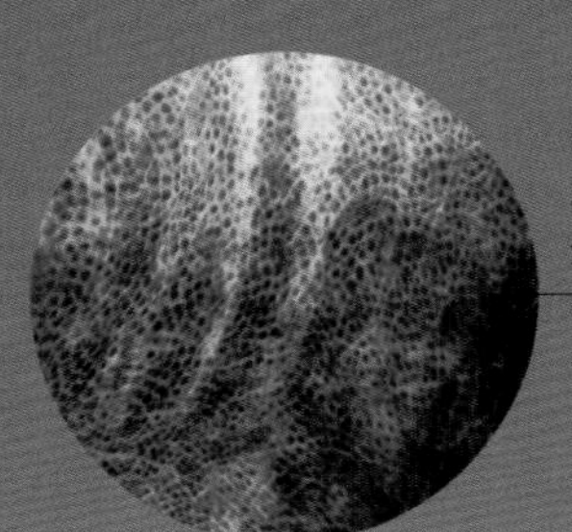

副栉龙的皮肤比较粗糙，上面长有瘤状鳞片

副栉龙

身长：约 12 米
体重：约 2500 千克
生存年代：白垩纪晚期

三叠纪			侏罗纪			白垩纪		
早	中	晚	早	中	晚	早	中	晚

化石分布区域：北美洲

食性：植食

冠饰的作用

副栉龙的冠饰可能具有调节体温的作用，也可能是一种视觉辨认物，用来辨别物种与性别。还有的科学家认为，副栉龙的冠饰能起到共鸣器的作用，能够发出低沉的声音，来吓跑敌人，或者向同伴发出危险警报。

副栉龙的冠

行走方式

副栉龙的前肢比后肢短，既能用四肢行走，也能用两条后肢行走。科学家认为它们大多数时间都以四足方式行走，只有在躲避天敌时，才会用两条后肢快速奔跑。

副栉龙的背部有比较高大的神经棘，能增加背部的高度，使体形看起来更大

发现化石

1920 年，多伦多大学的野外队伍在加拿大的桑德河附近，发现了一个副栉龙头颅骨，以及缺少膝盖以下的后肢与大部分的尾巴。

图书在版编目（CIP）数据

遇见恐龙. 认识植食恐龙 / 瑾蔚编著. — 西安：陕西科学技术出版社：未来出版社，2018.10
ISBN 978-7-5369-7371-8

Ⅰ. ①遇… Ⅱ. ①瑾… Ⅲ. ①恐龙—少儿读物Ⅳ. ①Q915.864-49

中国版本图书馆 CIP 数据核字（2018）第 204648 号

遇见恐龙
YUJIAN KONGLONG

认识植食恐龙
RENSHI ZHISHI KONGLONG

（瑾　蔚 编著）

责任编辑	孟建民　樊　勉
封面设计	许　歌　李亚兵
出 版 者	陕西新华出版传媒集团　未来出版社　陕西科学技术出版社 西安市丰庆路 91 号　邮编 710082　电话（029）84288458
发 行 者	未来出版社 西安市丰庆路 91 号　邮编 710082　电话（029）84288458
印　　刷	陕西金和印务有限公司
开　　本	185mm × 260mm　1/16
印　　张	3
字　　数	69 千字
版　　次	2018 年 10 月第 1 版
印　　次	2018 年 10 月第 1 次印刷
书　　号	ISBN 978-7-5369-7371-8
定　　价	18.00 元